Cómo realizar un diagnóstico de género e igualdad, para un Plan Estratégico de Producción Ecológica, en el sector agrícola de Andalucía

Escrito por José A. Serrano
Sevilla

José A. Serrano Gallego
1ª Edición
ISBN - 978-1-329-98850-7
Depósito legal: SE 2058-2016
Editorial Lulu

ÍNDICE

Prólogo 4

Objetivos 6

Normativa 9

Población objeto de intervención 10

Metodología 11

Claves del diagnóstico 17

Planificación 33

Presupuesto 34

Anexos 37

PRÓLOGO

La realización de las prácticas en la Unidad de Igualdad de Género de la Consejería de Agricultura, Pesca y Desarrollo Rural supuso una experiencia única sobre cómo dotar a los equipos gestores de políticas concretas para integrar la dimensión de género en sus decisiones y actividades. Ser partícipe de facilitar la integración de la perspectiva de género en los análisis y seguimiento de los planes y programas desarrollados por la Junta de Andalucía en el periodo de programación comunitaria 2007-2013, fue emotivo e ilustrativo, y me transmitió entusiasmo, fuerza y firmeza en la idea de avanzar en la igualdad de género entre hombres y mujeres.

Hay que tener en cuenta que en las administraciones públicas y concretamente en las Consejerías se realizan reglamentos y se ejecutan políticas y es donde el nivel técnico en cuestiones de género no puede ser sólo básico, sino de especialistas con una gran experiencia en estas áreas. En este sentido se expresa el decreto 275/2010 de 27 de abril, por el que se regulan las Unidades de Igualdad de Género en la Administración de la Junta de Andalucía, en su artículo 3.3 "Las Unidades de Igualdad de Género estarán integradas por personal técnico con formación en materia de género y de igualdad de oportunidades".

Ha sido una suerte haber formado parte de la Unidad de Igualdad de Género, no sólo por el aporte eminentemente práctico, sino por la experiencia única de intervención real en las políticas públicas.

Por todo lo anterior me animé a publicar este estudio.

OBJETIVOS

Para definir los objetivos de un Plan Estratégico de la producción ecológica y de género, se deben tener en cuenta los objetivos que sobre género haya definido el PLAN ANDALUZ DE AGRICULTURA ECOLÓGICA (PAAE). En este sentido el eje 6 del II PAEE (2007-13) estableció como actuaciones las siguientes:

Medida 13. Elaborar un plan estratégico de producción ecológica y género

Se considera primordial una investigación que permita visibilizar la importante labor que desempeñan las mujeres, apoyando y creando las condiciones necesarias para la formación y el empleo en el sector de la producción ecológica. Este conocimiento facilitará el diseño y ejecución posterior de políticas encaminadas a corregir las desigualdades de género y la promoción de la mujer en el ámbito de la producción, transformación, comercialización y dinamización del consumo.

13.1. Elaborar un plan estratégico de producción ecológica y género

Medida 14. Incentivar la participación de las mujeres en el sector ecológico

Para que la participación de las mujeres se haga patente y se reconozca, es necesario apoyar las iniciativas provenientes de este colectivo clave, sin cuyo concurso no puede darse un verdadero desarrollo rural sostenible.

14.1. Potenciar las iniciativas de mujeres en el sector ecológico

14.2. Potenciar la participación de las mujeres en el sector ecológico

14.3. Favorecer la colaboración con otras administraciones en cuestiones de género y producción ecológica

Por tanto tomando el PAEE (2007-13) como directriz y centrándonos en la medida 13, nuestro objetivo va a ser elaborar un diagnóstico de un plan que procure una mejora del papel de la mujer en los distintos ámbitos de la producción y una mejora en la incorporación de la mujer a la vida laboral, económica y social en el sector de la producción ecológica, estudiando, aprovechando y visibilizando los conocimientos y la competencia de las mujeres, apoyando y creando las condiciones necesarias para la formación y el empleo en el sector de la producción ecológica.

Se considera entonces primordial una investigación que visibilice la labor que desempeñan las mujeres, pero a su vez que apoye la formación y reduzca el paro femenino en el sector ecológico. Debe hacerse un estudio completo sobre los hombres y las mujeres en el sector ecológico, e identificar los elementos causantes de estas desigualdades, teniendo en cuenta la edad, el ámbito laboral y el sexo.

Del mismo modo, conocer dónde están situadas y representadas las mujeres del sector ecológico resulta esencial para incorporar la transversalidad del enfoque de género a la Política Autonómica en este sector y a diseñar nuevas políticas que permitan la superación completa de las desigualdades.

La realización del diagnóstico de género deberá buscar respuestas a preguntas fundamentales como quién realiza o usa qué cosa o actividad, cómo y por qué. La finalidad de este diagnóstico de género no es establecer un cuerpo de conocimientos sociales acerca de la mujer en el sector ecológico, sino repensar los procesos que ya existen y están en marcha para entender mejor los componentes de género, los factores que los han originado, y su realidad interna. Con los resultados de este diagnóstico, debe ser posible evitar los errores culturales y sociales de género y también calibrar las intervenciones que se han de hacer, frente a los límites, carencias y oportunidades de las mujeres y los hombres, basándonos en una perspectiva de género.

Elementos clave

El diagnóstico es la base sobre la que debe asentarse los objetivos y actuaciones del Plan Estratégico de la producción ecológica y género, por lo que debe tener un carácter fundamentalmente práctico.

La información debe ser lo más completa y fiel posible, para que las medidas que se definan en el Plan de género respondan a las necesidades reales del sector en materia de igualdad.

Por tanto el <u>objetivo general</u> del diagnóstico debe ser:

Evidenciar las desigualdades de género y el alcance de las mismas en la producción ecológica.

Debemos incluir información sobre los elementos que pueden generar discriminaciones y de qué recursos dispone el sector para plantear el cambio.

<u>Objetivos específicos:</u>

- **Conocer la situación demográfica de hombres y mujeres en la agricultura ecológica;**

- **Conocer el mercado laboral de mujeres y hombres en la agricultura ecológica;**

- **Describir la unidad de convivencia**

- **Conocer los usos del tiempo de hombres y mujeres en la producción ecológica;**

- **Detectar la influencia de los estereotipos y actitudes sexistas en la agricultura ecológica;**

- *Obtener información sobre acciones formativas y de sensibilización sobre igualdad de trato y oportunidades en el sector.*

NORMATIVA

Estatal

➢ Constitución Española, 1978 (artículos 9.2, 10.2, 14, 35.1, entre otros).

➢ Ley Orgánica 3/2007, de 22 de marzo, para la igualdad efectiva de mujeres y hombres.

➢ Ley Orgánica 1/2004, de 28 de diciembre, de Medidas de Protección Integral contra la Violencia de Género.

➢ Ley 39/1999, de 5 de noviembre, para promover la conciliación de la vida familiar y laboral.

➢ Ley 45/2007, de 13 de diciembre, para el desarrollo sostenible del medio rural.

➢ Real Decreto 297/2009, de 6 de marzo, sobre titularidad compartida en las explotaciones agrarias.

➢ Plan para la igualdad de género en el desarrollo sostenible del medio rural.

➢ Ley Orgánica 2/2007, de 19 de marzo, de reforma del Estatuto de Autonomía para Andalucía, que asume un fuerte compromiso en este sentido a lo largo de su articulado: artículo 10.2, 14, 15, 16 y 38, entre otros, "se garantiza la igualdad de oportunidades entre hombre y mujeres en todos los ámbitos".

➢ Ley 12/2007, de 26 de noviembre, para la promoción de la igualdad de género en Andalucía.

➢ Ley 13/2007, de 26 de noviembre, de medidas de prevención y protección integral contra la violencia de género.

➢ I Plan Estratégico para la Igualdad de Mujeres y Hombres en Andalucía 2010-2013.

➢ II Plan Andaluz de Agricultura Ecológica (2007-2013) (Eje 6).

POBLACIÓN OBJETO DE INTERVENCIÓN

La población, universo o colectivo será el conjunto de personas, instituciones o entes en general que son portadores de una serie de características que nos interesa estudiar. Por tanto deben de estar definidas con absoluta precisión de tal manera que siempre se pueda discernir si un elemento pertenece o no a la misma.

Dado que se considera primordial una investigación que permita visibilizar la importante labor que desempeñan las mujeres en el sector de la producción ecológica, y dónde se encuentran representadas, la población objeto de estudio (productoras/es ecológicos) la vamos a dividir en dos, por un lado vamos a estudiar los operadores ecológicos certificados hombres y mujeres (personas físicas), por tamaño de municipio con edades comprendidas entre los 20 y 65 años y por otro lado los operadores ecológicos personas jurídicas, por tamaño de municipio, con el fin de ver datos desagregados por sexo que nos informe dónde se encuentran las mujeres en éstas empresas, y qué labor realizan.

Se ha escogido un intervalo de edad del universo de estudio (entre 20 y 65 años) que comprenda la mayor parte de la población en edad activa y reproductiva para la población personas físicas.

El universo de estudio lo obtendremos del sistema de información sobre la producción ecológica en Andalucía (SIPEA), creado al amparo de la Orden de 15 de diciembre de 2009. Éste es un sistema de información mantenido y actualizado por los diferentes organismos de control autorizados en Andalucía para la certificación de productos ecológicos, y que tiene como finalidad sistematizar y homogeneizar la información sobre los operadores ecológicos de Andalucía, a la vez de dar cumplimiento al Reglamento (CE) Nº 834/2007 del Consejo de 28 de junio de 2007 sobre producción y etiquetado de los productos ecológicos y por el que se deroga el Reglamento (CEE) Nº 2092/91, haciendo pública la lista actualizada de nombres y direcciones de los operadores sujetos a control. Por tanto en este sistema se encuentran todas y todos los operadores ecológicos autorizados hasta la fecha.

El universo de estudio supone prácticamente el 100% de los operadores ecológicos.

El número total de operadores que comprende el universo de estudio es de 8.401, de las cuales el 26 % son mujeres y el 69 % son hombres. El número total de empresas supone el 5 % del total de operadores.

METODOLOGÍA

- **Reuniones entidades y sindicatos sector**

- **Recogida de datos y de información**

- **Labores de discusión**

La perspectiva de género, como nuevo enfoque teórico y metodológico pretende estudiar la actividad ecológica desde una perspectiva que garantice "que no estamos ante políticas de mujer" sino ante políticas que eliminarán barreras que van a redundar en una mayor sostenibilidad y creatividad económica en el sector, y cuya vocación será la participación equilibrada de hombres y mujeres en los diferentes espacios de la vida (productiva y reproductiva), potenciando el desarrollo de la ciudadanía activa y la consolidación de la igualdad de oportunidades entre hombres y mujeres.

Desde este enfoque, y con una investigación participativa como contexto metodológico, se debe proceder al diagnóstico y posterior propuesta de alternativas que darán lugar a procesos de transformación de la realidad del sector.

• **Reuniones entidades y sindicatos sector**

Es fundamental obtener información de los factores externos que pueden contribuir al éxito o fracaso del plan, nos referimos a factores tanto socio-económicos, institucionales, medioambientales, socioculturales, jurídicos, etc.... Un problema institucional, político o medioambiental importante en el sector pudiera anular los efectos del plan de género. Por esto se hace necesario, que se mantenga reuniones con los y las representantes de asociaciones y sindicatos del sector más influyentes en la producción ecológica y recoger la opinión de cada uno de ellos y ellas con el fin de conocer el grado de aceptación del futuro plan de género de la producción ecológica por aquellas autoridades o representantes con un peso específico en el sector. Se podría medir la asistencia a las reuniones que se creen y el análisis de los comentarios formulados, además de encuestas y entrevistas a una muestra representativa como indicamos más abajo. Se podría crear una escala de 1 a 10 de resultados, siendo 1 las opiniones más desfavorables y 10 las más favorables al proyecto. También sería muy importante la actitud del empresariado/s local/es al plan de género.

- **Recogida de datos y de información**

La sociología cuenta con diversas técnicas o procedimientos para estudiar la realidad y generar conocimientos, técnicas de investigación social. En esta investigación la medición de la realidad la basaremos en dos de los métodos más utilizados:

- Método cuantitativo (llamado así porque se apoya en la cuantificación a la hora de medir)
- Método cualitativo

Ambos complementarios y sólo combinándolos podremos explicar con exactitud los fenómenos sociales, porque cada uno estudia planos distinto de la realidad social.

El método cuantitativo lo vamos a utilizar para examinar los datos de manera numérica, especialmente en el campo de la Estadística, será el mejor para conocer todas las cuestiones directamente medibles, si bien llegaremos a un punto en el que no podremos profundizar más si no hacemos uso del método cualitativo.

La técnica cuantitativa que emplearemos será la encuesta. Se realizará por un lado a productores ecológicos de ambos sexos personas físicas para intentar obtener una visión personal de las desigualdades de género en la producción ecológica y por otro lado a productores ecológicos personas jurídicas para obtener una visión empresarial de las desigualdades de género y posición de la mujer en la empresa ecológica.

Los cuestionarios versarán sobre distintos aspectos

Ficha Técnica 1 (Personas físicas)

Tipo de Estudio   Cuantitativo

Técnica empleada   Encuesta

Población 1   Operadores ecológicos incluidos en SIPEA de ambos sexos de entre 20 y 65 años

Muestra 1   Se deben de realizar 400 encuestas telefónicas a personas de entre 20 y 65 años
                       residentes en distintos municipios.

Nivel de confianza   95%

Error   3% para conclusiones globales, 4,5% para el cruce de dos variables y 6,4% para el ruce
                       de tres variables

Realización trabajo de campo   De Octubre a Noviembre 201X

Muestreo Muestreo estratificado según las variables: tamaño de municipio, sexo y grupos de edad

Cuestionario Se realizarán mediante entrevista personal en el domicilio o telefónicamente

Explotación de datos   Programa estadístico SPSS 17.0 y Microsoft Office Excel 2007

Ficha Técnica 2 (Empresas)

Tipo de Estudio   Cuantitativo

Técnica empleada   Encuesta

Población 2   Operadores ecológicos empresas del sistema SIPEA

Muestra 2 Se deben de realizar 200 cuestionarios a empresas de distintos municipios.

Nivel de confianza   95%

Error   3% para conclusiones globales, 4,5% para el cruce de dos variables y 6,4% para el
                       cruce de tres variables

Realización trabajo de campo   De Octubre a Noviembre 201X

| Muestreo | Muestreo estratificado según las variables: tamaño de municipio, forma jurídica. |

Cuestionario Se realizarán mediante entrevista personal en el domicilio al o la representante, o telefónicamente

Explotación de datos   Programa estadístico SPSS 17.0 y Microsoft Office Excel 2007

Enlazando con el epígrafe de reuniones con entidades y sindicatos del sector, utilizaremos para extraer nuestros datos el método cualitativo. Se trata de buscar un concepto que pueda abarcar una parte de la realidad. Demostrado está que es la mejor herramienta para estudiar la diversidad ideológica y cultural, los valores e intereses de los distintos sectores sociales, así como las tensiones que surgen cuando éstos entran en conflicto. Se basaría en el análisis del lenguaje, tanto por dentro (ideología, mitos) como por fuera (enunciación), pues es a través de él como los seres humanos organizamos simbólicamente el mundo y la sociedad.

El análisis de los discursos es en cierto sentido una pequeña submuestra de los sectores sociales implicados en la problemática que nos va a interesar estudiar.

Para estudiar la realidad social desde el punto de vista cualitativo sería necesario un diseño metodológico, esto es, una planificación del uso que se va a hacer de cada técnica.

Para elaborar una muestra adecuada, vamos a recoger personas representativas de la estructura social del sector ecológico que estamos estudiando. Por tanto la muestra va a realizarse de manera intencional, no aleatoria, buscando incluir diferentes perfiles sociológicos de la población, y por tanto asociaciones y sindicatos que se consideren relevantes para las variables a estudiar.

En primer lugar utilizaremos la entrevista abierta en profundidad, entrevista individual, en la que por un lado estableceremos un juego de preguntas y respuestas para recoger opiniones u obtener información sobre cuestiones puntuales decididas de antemano y por otro lado se plantea de un modo mucho más flexible unos pocos temas presentados de la forma más abierta posible sobre el género y la producción ecológica, dejando que

14

sea la persona entrevistada quien lleve la iniciativa y formule la cuestión en sus propios términos.

Ficha Técnica 3 (Organizaciones representativas productores)

Tipo de Estudio	Cualitativo
Técnica empleada	Entrevista en profundidad, individual y estructurada
Muestra	Se deben de realizar 5 entrevistas a las personas representantes de organizaciones del sector
Realización trabajo	Entre octubre y noviembre 201X
Persona Entrevistada	Representante organización
Explotación de datos	Programa Atlas-ti

Ficha Técnica 4 (Empresas)

Tipo de Estudio	Cualitativo
Técnica empleada	Entrevista
Muestra	Se deben de realizar 10 entrevistas a directivos de la agroindustria de distintos municipios.
Realización trabajo	Entre octubre y noviembre 201X
Persona Entrevistada	Representante organización
Explotación de datos	Programa Atlas-ti

• **Labores de discusión**

Dentro del método cualitativo, y en segundo lugar, utilizaremos también la técnica de los grupos de discusión. Se reunirá un grupo de entre 5 y 10 personas del medio rural ecológico, para establecer una conversación sobre las desigualdades de género en el medio rural, será el único asunto tratado de forma amplia y en profundidad. Durará entre 1 u 2 horas. El objetivo que se buscará será que surja una discusión grupal espontánea sobre el tema propuesto, un intercambio "cara a cara" entre personas que posean un interés común por la situación de las mujeres y la igualdad de género en el sector de la producción ecológica, de forma que se pueda discutir sobre este tema abiertamente, resolver problemas, y sobre todo adquirir información y un aporte recíproco. Todo ello dentro de un máximo de espontaneidad y libertad de acción, limitando solamente por el cumplimiento más o menos flexible de algunas normas generales que favorezcan el proceso y diferencias a esta técnica de una charla o conversación corriente. Esta técnica se realizará al menos con tres grupos de discusión.

Las normas generales que se deben cumplir son:

• Que la discusión se realice alrededor del tema previsto que interesa a todas las personas participantes, apartándose lo menos posible del mismo.

• El intercambio de ideas debe seguir cierto orden lógico, tener coherencia y congruencia con el tema a investigar, no debe realizarse caprichosamente o al azar; sino girar en torno del objetivo central, aunque el curso de la discusión deba dejarse a la espontaneidad del grupo.

• El grupo tendrá una o un coordinador para ordenar la discusión.

• La discusión se desarrollará en un clima democrático, sin hegemonía de ninguno de los componentes y con el mayor estímulo para la participación activa y libre.

CLAVES DEL DIAGNÓSTICO

• **Composición-distribución mujer en agricultura (sector)**

16

La situación sociodemográfica en la agricultura muestra tres características fundamentales:

❖ Envejecimiento
❖ Masculinización
❖ Sobrecualificación femenina

La estructura demográfica del medio rural presenta grandes desequilibrios. Existe una sobrerrepresentación de población mayor de 65 años y una infrarrepresentación de mujeres menores de 65 años, así como de población joven (menor de 15 años).

Superposición de las pirámides de población del total nacional y del medio rural de 2009 (%) [4] .

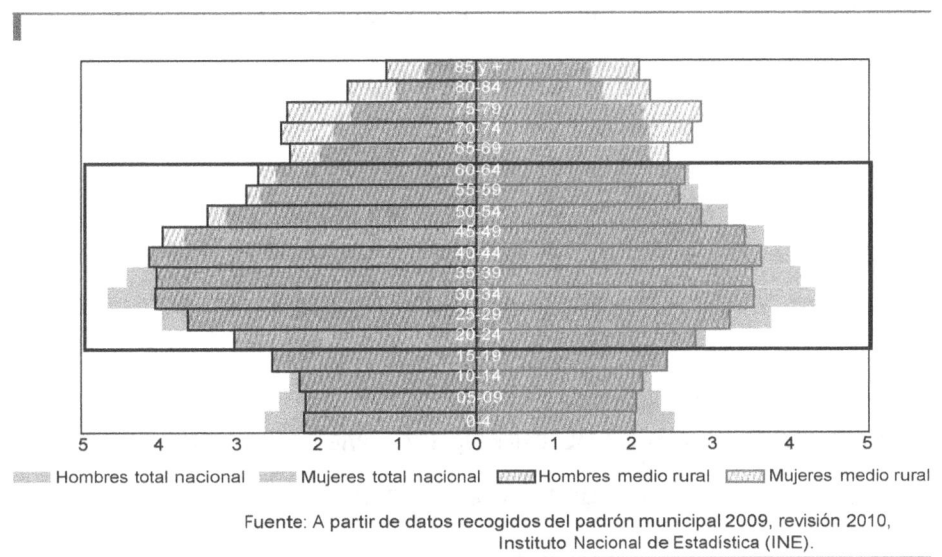

Hombres total nacional   Mujeres total nacional   Hombres medio rural   Mujeres medio rural

Fuente: A partir de datos recogidos del padrón municipal 2009, revisión 2010, Instituto Nacional de Estadística (INE).

La zona central enmarcada, que comprende las edades de entre 20 y 64 años, es la población objeto de estudio -personas de entre 20 y 65 años-.

Envejecimiento y masculinización

En Andalucía más de la mitad de la población activa agraria tiene más de 54 años, lo que presagia una difícil renovación generacional en un sector económico clave. Las mujeres han sido las que más han emigrado de los territorios rurales buscando alternativas a un contexto en el que su trabajo queda invisibilizado y en el que su ámbito

17

de decisión e influencia queda reducido a la esfera de lo privado y lo doméstico (Camarero *et al.,* 1991). Ello ha propiciado una tendencia a la masculinización que, aunque parece haberse ralentizado todavía es significativa en los municipios de menos de 2.000 habitantes, en lo que hay 107,54 varones por cada 100 mujeres. Hay que señalar, además, que es en los grupos de edad con mayor potencial reproductivo donde se producen mayores desigualdades, llegando al máximo en el caso de las personas entre 45 y 49 años donde la proporción es de 130,56 hombres por cada 100 mujeres. Camarero *et al.* (2006) califican el paisaje sociodemográfico rural de la última década de «dramático», ya que ha aumentado el sobreenvejecimiento y se ha generalizado la masculinización juvenil, propiciando un panorama de difícil reproducción de las poblaciones rurales.

No podemos obviar en nuestro estudio esta situación demográfica del medio rural, ya que va a tener consecuencias en los datos con los que vamos a trabajar y en los resultados que vamos a obtener, en su representatividad.

En nuestra investigación vamos a distinguir tres grupos de edad:

❖ 20 a 34 años: Aquellas personas que aún pueden plantearse la duda entre quedarse o marcharse del medio rural, y además son vitales para reproducción demográfica del medio rural.

❖ 35 a 49 años: Las personas mayores de 35 que siguen viviendo en el medio rural, por lo general son personas que se han casado y situado en la vida.

❖ 50 a 65 años: Personas difíciles de cambiar su modo de pensar.

Las acciones en el apartado demográfico se deben centrar en:
• Estudiar la masculinización del sector, y feminización del envejecimiento (que se produce a partir de los 65 años).
• Cuantificar la soltería probablemente consecuencia de los desequilibrios demográficos.
• Cualificación de las mujeres, sobre todo de las mujeres más jóvenes (de 20 a 34 años).

Para ello extraeremos los datos y analizaremos:

- **Población objeto de estudio según sexo, grupo de edad y tipo de municipio.** Fuente: SIPEA

- **Encuestas realizadas por estrato tipo de municipio, grupo edad, sexo.** Fuente: elaboración propia a partir de datos recogidos en la encuesta que se realice.

- **Pirámide de población 2010 (ámbito Andalucía y medio rural).** Fuente Padrón municipal 2010 INE.

- **Tasa de envejecimiento (%) (Medio rural, Andalucía) por grupo edad.** Fuente: Padrón municipal 2009, revisión 2010, Instituto Nacional de Estadística (INE).

- **Tasa de masculinización según generaciones.** Fuente Padrón municipal 2010 INE y SIPEA.

- **Tasa de masculinización según tipo de municipio (%).** Fuente: Padrón municipal 2009, revisión 2010, Instituto Nacional de Estadística (INE) y SIPEA.

- **Municipio de procedencia según sexo y grupos de edad (%).** Fuente: elaboración propia a partir de datos recogidos en la encuesta que se realice.

- **Nivel de estudios en la agricultura ecológica según sexo y grupo de edad(%).** Fuente: elaboración propia a partir de datos recogidos en la encuesta que se realice.

- **Brecha de género en los estudios superiores según grupos de edad.** Fuente: elaboración propia a partir de datos recogidos en la encuesta que se realice.

- **Estado civil/situación de convivencia en la agricultura ecológica (%) y brecha de género.** Fuente: elaboración propia a partir de datos recogidos en la encuesta que se realice.

- **Matrimonio y soltería según sexo y grupos de edad (%).** Fuente: elaboración propia a partir de datos recogidos en la encuesta que se realice.

- **Brecha de género en el matrimonio y la soltería según grupos de edad.** Fuente Padrón municipal 2010 INE

- **Convivencia en pareja sin matrimonio según sexo y grupos de edad (%).** Fuente: elaboración propia a partir de datos recogidos en la encuesta que se realice.

- **Matrimonio y soltería según sexo y tipo de municipio (%).** Fuente: elaboración propia a partir de datos recogidos en la encuesta que se realice.

- **Soltería masculina por grupos de edad y tipo de municipio (%).** Fuente: elaboración propia a partir de datos recogidos en la encuesta que se realice.

- **Número de integrantes del hogar según sexo (%).** Fuente: elaboración propia a partir de datos recogidos en la encuesta que se realice.

- **Número de integrantes del hogar según sexo y grupos de edad (%).** Fuente: elaboración propia a partir de datos recogidos en la encuesta que se realice.

- **Población que convive con alguna persona en situación de dependencia (%).** Fuente: elaboración propia a partir de datos recogidos en la encuesta que se realice.

- **Tipos de familias en Europa (población total nacional) (%).** Fuente: European Labour Survey (2003), Eurostar, en Moreno Minguez (2006).

- **Empresas situación, compromisos con la igualdad**

Su finalidad será aportar al diagnóstico de situación, información relativa al grado en que el compromiso con la igualdad entre mujeres y hombres es un elemento central y estratégico de la propia empresa y orientar posibles actuaciones del futuro Plan de género. Para ello estudiaremos la cultura organizacional, la estructura y gestión organizativa, relaciones laborales, relaciones con otras organizaciones, comunicación e imágenes corporativas.

Las acciones en el apartado empresas se deben centrar en:

- Estudiar el compromiso con la igualdad por parte de la empresa

- Cuantificar cursos de formación en igualdad

- Estudiar información de páginas web corporativas, folletos y planes de acción empresarial

- Situación de mujeres y hombres en la organización

- Formación continua

- Política retributiva

- Empresas con marca de excelencia en igualdad o con distintivos oficiales por la aplicación de políticas de igualdad de trato y oportunidades.

Para ello extraeremos los datos y analizaremos:

- **Cuestionarios a empresas de la población objeto de estudio y entrevistas a las y los directivos**

    - **<u>Sensibilización sector con la igualdad</u>**

Su finalidad será aportar al diagnóstico de situación, información relativa al grado en que el compromiso con la igualdad se ve reflejada por algún medio en el sector.

Las acciones en el apartado sensibilización se deben centrar en:

- Cursos de formación realizados en materia de igualdad

- Cursos de formación impartidos por la Secretaría General en materia de igualdad

- Estudio de los roles domésticos y productivos

- Estudio de la visión estereotipada de las habilidades, gustos y elección de actividades de ocio de hombres y mujeres que refuercen la asignación de roles de género

- Estudio del absentismo doméstico

Para ello extraeremos los datos y analizaremos:

- **Número de cursos realizados en materia de igualdad por los operadores**

- **Número de cursos de formación impartidos por la Consejería en materia de igualdad**

- **Situación de mujeres y hombres en la S.G.** (Distribución de la plantilla y categorías desagregada por sexo)

- **Análisis del lenguaje no sexista en los comunicados y oficios y apartado web de la SG** (muestra)

- **Creencia y prejuicios sobre las mujeres en España (*) (%).** Fuente: Sarrio *et al.* (2002).

- **Posicionamiento ante la afirmación "Ser madre es la mayor fuente de satisfacción para las mujeres".** Fuente: elaboración propia a partir de datos recogidos en la encuesta que se realice.

- **Posicionamiento ante la afirmación "Es bueno que con la maternidad la vida profesional de las mujeres pase a un segundo plano".** Fuente: elaboración propia a partir de datos recogidos en la encuesta que se realice.

- **Posicionamiento ante la afirmación "Las mujeres tienen una habilidad natural para las tareas del hogar y de cuidado".** Fuente: elaboración propia a partir de datos recogidos en la encuesta que se realice.

- **Posicionamiento ante la afirmación "Los hombres pueden realizar el cuidado de sus hijos e hijas mejor que las mujeres".** Fuente: elaboración propia a partir de datos recogidos en la encuesta que se realice.

- **Posicionamiento ante la afirmación "Las mujeres deben ser quienes se ocupen de las personas mayores de su familia y de las de su pareja".** Fuente: elaboración propia a partir de datos recogidos en la encuesta que se realice.

- **Posicionamiento en los ítems relacionados con el estereotipo de belleza de las mujeres según grupos de edad.** Fuente: elaboración propia a partir de datos recogidos en la encuesta que se realice.

- **Posicionamiento en los ítems relacionados con los gustos de hombres y mujeres.** Fuente: elaboración propia a partir de datos recogidos en la encuesta que se realice.

- **Posicionamiento ante la afirmación "Las mujeres prefieren la lectura a los deportes".** Fuente: elaboración propia a partir de datos recogidos en la encuesta que se realice.

- **Posicionamiento ante la afirmación "Los hombres son más torpes que las mujeres a la hora de realizar labores domésticas" por sexo y grupos de edad.** Fuente: elaboración propia a partir de datos recogidos en la encuesta que se realice.

  - <u>Conciliación vida familiar y laboral o situación laboral</u>

Uno de los ámbitos donde se hacen más patentes las desigualdades entre hombres y mujeres es en la distribución de los usos del tiempo.

Es muy probable que se detecten actividades que están feminizadas, y que asumen en su mayor parte las mujeres, y actividades que están masculinizadas, y que asumen en su mayor parte los hombres.

Las acciones en el apartado conciliación la dividiremos en dos partes:

  - La empresa

  - Los operadores personas físicas

En la empresa las acciones irán dirigidas a:

- Estudiar la ordenación del tiempo de trabajo y la conciliación

Para ello extraeremos los datos y analizaremos:

- **Cuestionarios a empresas de la población objeto de estudio**

En los operadores personas físicas las acciones irán dirigidas a:

- Estudiar la desigual distribución de tiempos entre hombres y mujeres

- Estudiar los tiempos que invierten las mujeres y hombres en labores domésticas, ocio y tiempo libre.

- Investigación de las actividades feminizadas

Para ello extraeremos los datos y analizaremos:

- **Tiempo dedicado a necesidades personales.** Fuente: elaboración propia a partir de datos recogidos en la encuesta que se realice e INE (2009-2010).

- **Tiempo usado para necesidades personales según sexo y grupos de edad (en minutos).** Fuente: elaboración propia a partir de datos recogidos en la encuesta que se realice

- **Distribución del tiempo usado para necesidades personales por actividades.** Fuente: elaboración propia a partir de datos recogidos en la encuesta que se realice

- **Tiempo dedicado a trabajo doméstico medio rural y ámbito nacional o andaluz.** Fuente: Medio rural de la elaboración propia a partir de datos recogidos en la encuesta que se realice y ámbito nacional de la encuesta de Empleo del Tiempo 2009-2010 INE.

- **Tiempo usado para el trabajo doméstico según sexo y edad (en minutos).** Fuente: elaboración propia a partir de datos recogidos en la encuesta que se realice.

- **Tiempo dedicado a trabajo doméstico por actividades.** Fuente: elaboración propia a partir de datos recogidos en la encuesta que se realice.

- **Tiempo dedicado a la cocina y limpieza de la casa según sexo y grupos de edad (en minutos).** Fuente: elaboración propia a partir de datos recogidos en la encuesta que se realice.

- **Tiempo dedicado al cuidado familiar.** Fuente: elaboración propia a partir de datos recogidos en la encuesta que se realice.

- **Tiempo usado para el cuidado familiar según sexo y edad (en minutos).** Fuente: elaboración propia a partir de datos recogidos en la encuesta que se realice.

- **Tiempo dedicado al cuidado familiar según sexo y grupo de actividades.** Fuente: elaboración propia a partir de datos recogidos en la encuesta que se realice.

- **Tiempo dedicado al cuidado de la infancia según sexo y actividades.** Fuente: elaboración propia a partir de datos recogidos en la encuesta que se realice.

- **Diferencias en el tiempo dedicado a cuidados básicos de la infancia según grupos de edad.** Fuente: elaboración propia a partir de datos recogidos en la encuesta que se realice.

- **Tiempo usado para el cuidado de personas mayores según sexo y grupos de edad (en minutos).** Fuente: elaboración propia a partir de datos recogidos en la encuesta que se realice.

- **Tiempo dedicado al mantenimiento del hogar según sexo y grupos de edad.** Fuente: elaboración propia a partir de datos recogidos en la encuesta que se realice.

- **Tiempo dedicado al mantenimiento del hogar según sexo y actividad.** Fuente: elaboración propia a partir de datos recogidos en la encuesta que se realice.

- **Tiempo dedicado al ocio y tiempo libre según sexo.** Fuente: elaboración propia a partir de datos recogidos en la encuesta que se realice.

- **Tiempo dedicado al ocio y tiempo libre según sexo y grupos de edad (en minutos).** Fuente: elaboración propia a partir de datos recogidos en la encuesta que se realice.

- **Tiempo dedicado al ocio y tiempo libre según sexo y actividad.** Fuente: elaboración propia a partir de datos recogidos en la encuesta que se realice.

- **Diferencias en el tiempo dedicado a actividades deportivas según grupos de edad.** Fuente: elaboración propia a partir de datos recogidos en la encuesta que se realice.

- **Tiempo dedicado a la lectura según sexo y tipo de municipio (en minutos).** Fuente: elaboración propia a partir de datos recogidos en la encuesta que se realice.

- **Tiempo dedicado al consumo de espectáculos deportivos según sexo y tipo de municipio (en minutos).** Fuente: elaboración propia a partir de datos recogidos en la encuesta que se realice.

- **Tiempo dedicado a espectáculos culturales según sexo y grupos de edad (en minutos).** Fuente: elaboración propia a partir de datos recogidos en la encuesta que se realice.

- **Población que dedica tiempo a la participación según sexo.** Fuente: elaboración propia a partir de datos recogidos en la encuesta que se realice.

- **Distribución de la participación y tiempo dedicado según sexo y tipo de asociación.** Fuente: elaboración propia a partir de datos recogidos en la encuesta que se realice.

- **Población en los diferentes tipos de asociación según sexo.** Fuente: elaboración propia a partir de datos recogidos en la encuesta que se realice.

- **Tiempo dedicado a los diferentes tipos de asociación (en minutos).** Fuente: elaboración propia a partir de datos recogidos en la encuesta que se realice.

- **Tiempo dedicado a realizar tareas de gestión según sexo y grupos de edad (en minutos).** Fuente: elaboración propia a partir de datos recogidos en la encuesta que se realice.

- **Distribución del tiempo dedicado por mujeres y hombres a realizar gestiones.** Fuente: elaboración propia a partir de datos recogidos en la encuesta que se realice.

- ### Mercado laboral en la agricultura ecológica

El diagnóstico deberá obtener información necesaria en este campo para que se puedan crear escenarios de futuro para el desarrollo de nuevos yacimientos de empleo dónde las mujeres jóvenes sean las principales beneficiarias. Conseguir un proceso favorable a la igualdad de oportunidades de las mujeres en el empleo, facilitar la incorporación, permanencia y promoción de las mujeres en las empresas e incorporar las acciones positivas como estrategia corporativa deben ser objetivos principales de la investigación.

Las acciones en el apartado laboral lo dividiremos en dos partes:
- La empresa
- Los operadores personas físicas

En la empresa las acciones irán dirigidas a:

- Estudiar la igualdad de oportunidades en el mercado laboral.

- Investigar la parcialidad de las jornadas laborales y la temporalidad de los contratos.

- Estudio de la discriminación salarial de género, caso de que haya.

- Investigar si hay concentración de mujeres en posiciones inferiores de la jerarquía laboral y de los hombres en los puestos de responsabilidad.

- Estudio de la feminización de la asalarización y masculinización del empresariado rural.
- Investigar si el grado de ruralidad acentúa la discriminación laboral de mujeres.

Para ello extraeremos los datos y analizaremos:

- **Cuestionarios a trabajadores/as de empresas de la población objeto de estudio**

En los operadores personas físicas las acciones irán dirigidas a:

- Estudiar la igualdad de oportunidades en el mercado laboral

- Investigar la parcialidad de las jornadas laborales

- Detectar dónde se encuentran y qué tipo de actividad realizan las mujeres

- Detectar dónde se encuentran y qué tipo de actividad realizan los hombres

Para ello extraeremos los datos y analizaremos:

- **Situación laboral de mujeres y hombres en la agricultura ecológica.** Fuente: elaboración propia a partir de datos recogidos en la encuesta que se realice.

- **Actividad principal en la agricultura ecológica según sexo % y brecha de género.** Fuente: elaboración propia a partir de datos recogidos en la encuesta que se realice y SIPEA

- **Brecha laboral de género en la agricultura ecológica según grupos de edad.** Fuente: elaboración propia a partir de datos recogidos en la encuesta que se realice.

- **Tasa de empleo en la agricultura ecológica según sexo y grupos de edad (%).** Fuente: elaboración propia a partir de datos recogidos en la encuesta que se realice.

- **Tasa de empleo en la agricultura ecológica según sexo y tipo de municipio (%) y brecha laboral de género.** Fuente: elaboración propia a partir de datos recogidos en la encuesta que se realice.

- **Brecha de género en la actividad principal de la agricultura ecológica.** Fuente: elaboración propia a partir de datos recogidos en la encuesta que se realice.

- **Actividad principal de mujeres casadas y solteras (%).** Fuente: elaboración propia a partir de datos recogidos en la encuesta que se realice.

- **Obligaciones familiares según sexo para la elección de la jornada laboral parcial (total población andaluza o nacional) (%).** Fuente: IAE o INE, encuesta de población activa, 2010. Datos referidos al 4º trimestre.

- **Obligaciones familiares según sexo para la elección de la jornada laboral parcial**

- **Distribución salarial e índice de concentración de mujeres y hombres en la agricultura ecológica (%).** Fuente: elaboración propia a partir de datos recogidos en la encuesta que se realice.

- **Brecha salarial de género en la agricultura ecológica.** Fuente: elaboración propia a partir de datos recogidos en la encuesta que se realice.

- **Feminización de la pobreza en la agricultura ecológica (%).** Fuente: elaboración propia a partir de datos recogidos en la encuesta que se realice.

- **Índice de representación en el nivel salarial de las mujeres.** Fuente: elaboración propia a partir de datos recogidos en la encuesta que se realice.

- **Ocupación en el sector agrario y el sector servicios según sexo y tipo de municipio (%).** Fuente: elaboración propia a partir de datos recogidos en la encuesta que se realice.

- **Posición laboral e índice de concentración de mujeres y hombres en la agricultura ecológica (%).** Fuente: elaboración propia a partir de datos recogidos en la encuesta que se realice.

- **Actividad principal de las mujeres según situación de convivencia: solteras vs. en pareja (%).** Fuente: elaboración propia a partir de datos recogidos en la encuesta que se realice.

- **Personal asalariado vs. empresariado en la agricultura ecológica (%).** Fuente: elaboración propia a partir de datos recogidos en la encuesta que se realice.

- **Nuevos yacimientos de empleo en la agricultura ecológica (NYEAE).** Fuente: Secretaría General

- **Empresariado en la agricultura ecológica: índice de concentración de mujeres y hombres (%).** Fuente: elaboración propia a partir de datos recogidos en la encuesta que se realice.

- **Brecha de género en las tasas de empresariado y asalarización.** Fuente: elaboración propia a partir de datos recogidos en la encuesta que se realice.

- **Tasa de empresariado en la agricultura ecológica según sexo y tipo de municipio (%).** Fuente: elaboración propia a partir de datos recogidos en la encuesta que se realice.

- **Tasa de empresariado en la agricultura ecológica según sexo y grupos de edad (%).** Fuente: elaboración propia a partir de datos recogidos en la encuesta que se realice.

  - <u>**Acoso machista en la agricultura ecológica**</u>

El respeto de los derechos de la mujer es un requisito fundamental, al igual que el de los otros derechos humanos, no sólo en el ámbito de la agricultura sino en cualquier sector económico o social. Por ello la Consejería de Agricultura, Pesca y Desarrollo Ruralpide que se controle y se comunique los datos relativos a los actos de discriminación y violencia de los que son víctimas las mujeres en este sector y subraya que el respeto de los derechos de las mujeres debe constituir una condición esencial de la política en la agricultura ecológica. Además reconoce que las jóvenes son especialmente vulnerables a la violencia y a la discriminación, y pide que dentro de su competencia, se lleven a cabo esfuerzos importantes para proteger a las jóvenes contra todas las formas de violencia.

Las acciones en el apartado violencia de género se deben centrar en:

- Examinar los métodos de prevención para la lucha contra el acoso sexual que existe en este sector.
- Examinar los métodos de prevención para la lucha contra la violencia sexual que existen en las empresas.
- Desarrollar indicadores del número de acosos.
- Existencia de registro de actos de violencia de género en la agricultura ecológica.

Para ello extraeremos los datos y analizaremos:

- **Número de mujeres víctimas de acoso machista en la agricultura ecológica.** Fuente: Elaboración propia a partir de datos recogidos en la encuesta que se realice.

- **Número de comunicaciones a la plantilla a través de los medios de comunicación interna de los derechos reconocidos legalmente a las mujeres víctimas de violencia de género y de las mejoras incluidas en el Plan de Igualdad.** Fuente: Elaboración propia a partir de datos recogidos en la encuesta que se realice.

- **Número de adaptaciones de la jornada, cambio de turno o flexibilidad horaria a las mujeres víctimas de violencia de género para hacer efectiva su protección o su derecho a la protección social integral.** Fuente: Elaboración propia a partir de datos recogidos en la encuesta que se realice.

- **Casos de movilidad geográfica por acoso machista**. Fuente: Elaboración propia a partir de datos recogidos en la encuesta que se realice.

PLANIFICACIÓN

CRONOGRAMA DIAGNÓSTICO DEL PLAN ESTRATÉGICO DE LA PRODUCCIÓN ECOLÓGICA Y GÉNERO
ESPECIFICACIÓN DE LAS FASES DE LA ACCIÓN

ACTIVIDAD	JUL		AG		SEPT		OCT		NOV		DIC	
Cronograma - Recolección datos	░	░	░	░	▓							
Preámbulo - Marco normativo - Marco técnico en igualdad				░	░							
Elaboración de los instrumentos - Reuniones - Encuestas - Metodología				░	▓	▓			▓			
Recolección de datos						▓	▓	▓	▓	▓	▓	
Análisis de datos - Claves del Diagnóstico						▓	▓	▓	▓	▓	▓	
Conclusiones - Líneas de actuación									░		▓	
Elaboración del Borrador									░		▓	
Revisión y corrección del borrador											▓	
Presentación del Diagnóstico											▓	

▓ Puntos críticos

PRESUPUESTO

En este apartado se trata de reflejar a modo orientativo, el coste que supondría la realización del diagnóstico.

Cronograma - Recolección datos

Responsable: Una persona de la Unidad de Igualdad de Género y dos personas de la Secretaría General

Recursos: 2.000 €

Preámbulo - Marco normativo - Marco técnico de la Consejería de Agricultura, Pesca y Desarrollo Rural en igualdad

Responsable: Coordinadora Unidad de Igualdad de Género y una persona de la Unidad de Igualdad de Género

Recursos: 500 €

Elaboración de los instrumentos - Reuniones - Encuestas – Metodología

Responsable: Coordinadora Unidad de Igualdad de Género y dos personas de la de la Unidad de Igualdad de Género

Recursos: 2.500 €

Recolección de datos

Responsable: Departamentos y una persona de la Unidad de Igualdad de Género

Recursos: 2.500 €

Análisis de datos - Claves del Diagnóstico

Responsable: Coordinadora Unidad de Igualdad de Género y una persona de la Unidad de Igualdad de Género

Recursos: 800 €

Conclusiones - Líneas de actuación

Responsable: Coordinadora Unidad de Igualdad de Género y dos personas de la Unidad de Igualdad de Género

Recursos: 1800 €

Elaboración del Borrador

Responsable: Dos personas de la Unidad de Igualdad de Género

Recursos: 1000 €

Revisión y corrección del borrador

Responsable: Coordinadora Unidad de Igualdad de Género, una persona de la Unidad de Igualdad de Género y una persona de la Secretaría General

Recursos: 500 €

Presentación del Diagnóstico

Responsable: Coordinadora Unidad de Igualdad de Género y dos personas UIG y SG

Recursos: 1.500 €

ANEXOS

BORRADOR ÍNDICE DIAGNÓSTICO DEL PLAN ESTRATÉGICO DE LA PRODUCCIÓN ECOLÓGICA Y GÉNERO

PREÁMBULO

MARCO NORMATIVO

TRAYECTORIA DE LA CONSEJERÍA Y/O SECRETARÍA GENERAL EN MATERIA DE IGUALDAD

COMPOSICIÓN PLANTILLA SECRETARÍA GENERAL

METODOLOGÍA

- Reuniones entidades y sindicatos sector

- Recogida de datos y de información

- Labores de discusión

CLAVES DEL DIAGNÓSTICO (SITUACIÓN)

- composición-distribución mujer en agricultura (sector)

- empresas situación, compromisos con la igualdad

- sensibilización sector con la igualdad

- conciliación vida familiar y laboral o situación laboral

- acoso machista en el sector

CONCLUSIONES (ANÁLISIS DAFO)

LINEAS DE ACTUACIÓN(CONCILIACIÓN, VIOLENCIA DE GÉNERO,......)

> Cursos formación-sensibilización

> Nuevas tecnologías

> Medidas para la incorporación laboral.....

ANEXOS (TABLAS, GRÁFICOS, ETC..)

FUENTES CONSULTADAS

Modelo encuesta operadores personas físicas

Municipio: _____	Pedanía: _____
Provincia: _____	CCAA: _____ ANDALUCÍA

TAMAÑO DEL MUNICIPIO:

A. DATOS PERSONALES

1. SEXO:
__ Varón
Mujer

2. EDAD:

	__ 35-39 años	__ 55-59
__ 20-24 años	__ 40-44 años	__ 60-65
__ 25-29 años	__ 45-49 años	
30-34 años	__ 50-54 años	

3. NIVEL DE ESTUDIOS:
No sabe leer ni escribir
— Sin estudios
— Primaria
— Secundaria
— FP/Grados formativos
— Universitarios medios
— Universitarios superiores
Postgrado o especialización
Ns/Nc

4. SITUACIÓN DE CONVIVENCIA:
Soltera/soltero
Casada/casado
Viuda/viudo
Separada/o o divorciada/o
Vive con su pareja
Ns/Nc

5. MUNICIPIO DE ORIGEN:
__ Mismo municipio
__ Otro municipio rural. Especifique cuál _____
Municipio urbano. Especifique cuál _____
Ns/Nc

6. ¿TIENE CARNE DE CONDUCIR?
Sí
No /pasar a bloque B/
Ns/Nc

7. ¿TIENE VEHÍCULO A SU TOTAL DISPOSICIÓN?
— Sí
— No
— Ns/Nc

8. ¿CON QUE FRECUENCIA LO UTILIZA?
__ Todos los días
__ Dos veces a la semana
__ Una vez a la semana
Ns/Nc

Una vez al mes
Un par de veces al año
Nunca

B. DATOS LABORALES

1. TIPO DE OPERADOR:

__ Comercializador
_ Elaborador
_ Envasador
_ Exportador
_ Importador
_ Productor

2.1. SITUACIÓN PROFESIONAL:

_ Trabajador/a por cuenta propia con personas asalariadas _
Trabajador/a por cuenta propia sin personas asalariadas _
Trabajador/a por cuenta propia miembro de cooperativa
_ Trabajador/a como ayuda familiar (explotación, negocio,...)
_ Otra situación ¿Cuál? _____
_ Ns/Nc (Pasar a pregunta 2.2.)

2.2. ¿COTIZA USTED A LA SEGURIDAD SOCIAL?
_ Si   _ No   _ Ns/Nc

2.3. TIPO DE ACTIVIDAD:

_ Aderezo y envasado
_ Bodegas y embotelladoras de vino

_ Cosméticos

_ Elaboración de productos hortofrutícolas
Congelados
_ Fábricas de pienso
_ Huevos
_ Leche, queso y derivados lácteos
_ Manipulación y envasado de granos
_ Manipulación y envasado de otros
Productos apícolas
_ Mataderos, salas de despiece y carnes
_ Otra ganadería
_ Otras actividades agroalimentarias de
producción animal
_ Panificación y pastas alimenticias
_ Restauración

_ Almazara y/o envasadora de aceite
_ Conservas, semiconservas y zumos
vegetales
_ Elaboración de especias,
aromáticas y medicinales
_ Elaboración de vinagres
_ Embutidos y salazones cárnicos
_ Galletas, confitería y pastelería
_ Insumos
_ Manipulación y envasado de frutos secos
_ Manipulación y envasado de productos hortofrutí.
_ Aderezo y envasado
_ Manipulación y envasado de productos piscícolas
_ Miel
_ Otras actividades
_ Otras actividades agroalimentarias de
producción vegetal
_ Preparados alimenticios

2.4. TIPO DE JORNADA:

_ Total
_ Parcial
_ ¿Cuántas horas semanales? _____
_ Ns/Nc

2.5. LUGAR DE TRABAJO:

_ Domicilio (pasar a pregunta 2.7)
_ Mismo municipio
_ Otro municipio rural. Especifique cuál_____
_ Municipio urbano. Especifique cuál_____
_ Ns/Nc

2.6. ¿COMO SE DESPLAZA A SU LUGAR DE TRABAJO?:

_ En vehículo propio
    _ Coche _ Moto _ Otro _____
_ En transporte de la empresa
_ En transporte público
_ Andando
_ Otros_____
2.7 Ns/Nc

NIVEL SALARIAL MENSUAL (neto personal):

_ Menos de 400 €	De 1.201 a 1.400 €
_ De 401 a 600 €	De 1.401 a 1.600 €
_ De 601 a 800 €	_ De 1.601 a 1.800 €
De 801 a 1.000 €	Más de 1.800 €
Ns/Nc	
	_

C. UNIDAD DE CONVIVENCIA

¿Cuántas personas hay en su unidad de convivencia contando con usted?

_1   _2   _3   _4   _5   _6 ó más

2. ¿Alguna está en situación de dependencia1 (niños/as, mayores,...)?

_Si   _No (pase a la bloque D)   _Ns/Nc

3. ¿Es usted la cuidadora o cuidador principal de estas personas dependientes?

_Si   _No (pase a pregunta 6)

6. ¿Utiliza algún servicio de apoyo al cuidado de personas dependientes?

_Si   _No (pase a la bloque D)

---

1 Según la Ley 39/2006 de Promoción de la Autonomía Personal y Atención a personas en situación de Dependencia, se entiende por situación de dependencia el estado de carácter permanente en que se encuentran las personas que, por razones derivadas de la edad, la enfermedad o la discapacidad y ligadas a la falta o pérdida de autonomía física, precisan de la atención de otra u otras personas o ayudas importantes para realizar las actividades básicas de la vida diaria o, en el caso de personas con discapacidad intelectual o enfermedad mental, de otros apoyos para su autonomía personal.

D USOS DEL TIEMPO

1. NECESIDADES PERSONALES (HORAS/DÍA):

ACTIVIDADES	Usted	Su pareja
_Dormir y/o _descansar		
Higiene personal (lavarse,vestirse ,maquillarse ,afeitarse..)		
Alimentarse (_desayuno, almuerzo, comida,cena)		

2. TRABAJO _DOMÉSTICO (HORAS/DÍA):

ACTIVIDADES	Usted	Su pareja
Cocina (cocinar ,poner la mesa, fregar.,)		
Limpieza de la casa (barrer ,pasar la aspiradora ,cuartos de baño,,)		
Cuidados _de la ropa (lavar ,tender ,planchar, recoger.)		
Compra _de productos (alimentación, limpieza ,aseo.,)		

3. MANTENIMIENTO _DEL HOGAR (HORAS / SEMANA):

ACTIVIDADES	Usted	Su pareja
Tareas de reparación		
Compra de productos de bricolaje y repuestos		
Cuidado _e plantas y flores		
Cuidado de animales de compañía		
Cuidado y limpieza de vehículo		

4. CUIDADO FAMILIAR (HORAS/DÍA):

ACTIVIDADES	Usted	Su pareja
Cuidado _de los niños/as (vestirles ,alimentarles ,reñirles..)		
Ayudar en los deberes a los niños/as		
Jugar con los niños/as		
Cuidado de personas mayores		

5. OCIO Y TEIMPO LIBRE (HORAS / SEMANA):

ACTIVIDADES	Usted	Su pareja
Realizar actividades deportivas (cualquier deporte gimnasia de mantenimiento, yoga ,natación, caminar ,montar en bici.)		
Salir a comer o cenar fuera _e casa		
Salir a tomar algo (cafetería, bares)		
Ir al cine, teatro, exposiciones, conciertos,..		
Asistencia a espectáculos d e portivos		
Lectura:		
¿Qué lee? _____		
Practicar juegos de mesa		
Otros: Especifique cuál _____		

6. GESTIÓN Y EDUCACIÓN (HORAS / MES):

ACTIVIDADES	Usted	Su pareja
Tareas de gestión (en ayuntamientos, colegios, bancos, comunidad de vecinos/as…)		
Estudios (educación formal o no formal)		
Asistir a reuniones _el colegio y/o actividades extraescolares		
Llevar a los niños/as al cuerpo médico o pediatra		
Llevar a personas mayores al cuerpo médico		

7. PARTICIPACIÓN (HORAS / SEMANA):

ACTIVIDADES	Usted	Su pareja
Participar en actividades religiosas		
Participar en actividades políticas		
Participar en actividades asociativas		
¿de qué tipo? _____		
Otras:		

E. ESTEREOTIPOS, VALORES Y ACTITUDES

1. Posiciónese según su grado de acuerdo o desacuerdo con las siguientes afirmaciones:

	Totalmente en desacuerdo	1	2	3	4	5	Totalmente de acuerdo
Ser madre es la mayor fuente de satisfacción para las mujeres							
Las mujeres deben cuidar su aspecto físico							
Las mujeres tienen más capacidad para combinar los colores							
Las mujeres se ocupan de la salud de su familia más que de la suya propia							
A las mujeres les gustan los cotilleos							
Las mujeres prefieren la lectura a los deportes							
A los hombres les interesa más los deportes que a las mujeres							
Las mujeres tienen una habilidad natural para tareas domésticas y cuidado de personas							
Los hombres son más arriesgados							
Los hombres son más torpes que las mujeres a la hora de realizar labores domésticas							
Los hombres se quejan más del trabajo							
Es bueno que con la maternidad la vida profesional de las mujeres deban quedar en un segundo plano							
Mujeres y hombres deben tener diferentes responsabilidades e intereses							
Las mujeres deben cuidar su modo de vestir para no provocar							
Los hombres tienen más capacidad para leer un plano							
Acepto mejor el uso _e palabrotas en los hombres que en las mujeres							
En líneas generales los hombres conducen mejor							
Es natural que hombre y mujer no realicen las mismas tareas ni responsabilidades							
Los hombres pueden realizar el cuidado de hijos/as mejor que las mujeres							
Las mujeres no son capaces de realizar las reparaciones cotidianas del hogar							
Es mejor que las mujeres no viajen solas							
Los hombres prefieren la lectura a los deportes							
Las mujeres deben ser quienes se ocupen de las personas mayores de su familia y de las de su pareja							
Los niños no deben jugar con muñecas							
A los hombres les tiene que gustar el fútbol							
Las mujeres de la familia deben atender y servir a los hombres de la casa							
El titular de las cuentas de los bancos siempre debe ser el hombre							
Las conductas violentas hacia mujeres por parte de su pareja en algunas ocasiones pueden estar justificadas							

E. ACOSO MACHISTA

1. Posiciónese según su grado de acuerdo o desacuerdo con las siguientes afirmaciones:

	Totalmente en desacuerdo 1	2	3	4	5 Totalmente de acuerdo
Un hombre no maltrata porque sí, ella también habrá hecho algo para provocarle.					
Si una mujer es maltratada continuamente, la culpa es suya por seguir conviviendo con ese hombre.					
Hay que aguantar los maltratos por el bien de los/as hijos/as.					
Los hombres que maltratan lo hacen porque tiene problemas con el alcohol u otras drogas.					
Los hombres que agreden a sus parejas son violentos por naturaleza.					
Los hombres que agreden a sus parejas están locos.					
Los hombres que abusan de sus parejas, también fueron maltratados en su infancia					
La violencia doméstica es una pérdida momentánea de control.					
La violencia doméstica no es para tanto. Son casos muy aislados. Lo que pasa es que salen en la prensa y eso hace que parezca que pasa mucho.					
Lo que ocurre dentro de una pareja es un asunto privado; nadie tiene derecho a meterse.					
La violencia doméstica sólo ocurre en familias sin educación o que tiene pocos recursos económicos.					

Teléfono de contacto para control interno: _____

Muchas gracias por su colaboración

43

Modelo encuesta operadores empresas

DOCUMENTOS EXTRAIDOS FUNDACIÓN MUJERES

FICHA Nº 1 COMPROMISO CON LA IGUALDAD ENTRE MUJERES Y HOMBRES

A. CULTURA ORGANIZACIONAL

1. ¿Se encuentra la igualdad entre mujeres y hombres recogida de manera explícita en los documentos estratégicos de la organización (misión, visión, valores, objetivos estratégicos, etc.)? En caso afirmativo, detalle dónde y cómo se expresa:	SÍ ☐ ☐	NO ☐ ☐
2. ¿Realiza o participa la organización en actividades de promoción de la igualdad entre mujeres y hombres (jornadas, seminarios, programas públicos)? En caso afirmativo, exponga cuáles:	SÍ ☐	NO ☐
3. Si su organización cuenta con políticas de Responsabilidad Social Corporativa (RSC), ¿es la igualdad entre mujeres y hombres uno de los ámbitos de acción? En caso afirmativo, señale cómo se concreta:	SÍ ☐	NO ☐
4. ¿Ha recibido la organización alguna certificación o premio relacionado con la promoción de la igualdad entre mujeres y hombres? En caso afirmativo, indique cuáles:	SÍ ☐	NO ☐
5. Si su organización incorpora sistemas de gestión de la calidad ¿incluye indicadores para la medición de la situación de la igualdad entre mujeres y hombres? En caso afirmativo, indique qué indicadores:	SÍ ☐	NO ☐

6. ¿La organización cuenta con una estructura (gabinete, departamento, agente) de igualdad entre mujeres y hombres? En caso afirmativo, indique tipo, nº de personas y ubicación en la estructura de la organización:	SÍ ☐	NO ☐

7. ¿Cuenta el Departamento de Recursos Humanos con personal formado en igualdad entre mujeres y hombres? En caso afirmativo, señale nº de personas y funciones:	SÍ ☐	NO ☐
8. ¿Se recogen los datos relativos a la plantilla desagregados en función de la variable "*sexo*"? En caso afirmativo, señale en qué tipo de información:	SÍ ☐	NO ☐
9. ¿Está incluida la variable "*sexo*" en los procesos de análisis de datos? En caso afirmativo, señale en qué tipo de análisis:	SÍ ☐	NO ☐
10. ¿Tiene la organización un procedimiento para mantenerse informada respecto de programas y actuaciones públicas, publicaciones y normativa de aplicación en la organización relativa a igualdad entre mujeres y hombres? En caso afirmativo, detalle:	SÍ ☐	NO ☐

11. Si su organización cuenta con un Consejo de Administración, ¿su composición es equilibrada en función del sexo?	
Si, ambos porcentajes se encuentran entre el 40% y el 60%	
No, hay mayoría de mujeres (más del 60%)	☐
No, hay mayoría de hombres (más del 60%)	☐
12. Si se han producido cambios en la configuración del Consejo en los últimos 3 años, ¿han contribuido a equilibrar la presencia de mujeres y hombres en dicho órgano?	
Se han producido cambios, pero el nº de mujeres y hombres sigue siendo el mismo	☐
Se han producido cambios y hay un mayor equilibrio	☐
Se han producido cambios y hay un mayor desequilibrio	☐
No ha habido renovación de cargos	☐

C. RELACIONES LABORALES

13. ¿Recoge el/los convenio/s colectivo/s de referencia alguna cláusula, disposición o medida específica relativa a la igualdad entre mujeres y hombres? En caso afirmativo, especifique cuáles:	SÍ ☐	NO ☐
14. ¿Se producen o se han producido en la organización dificultades o conflictos relacionados con la vulneración del principio de igualdad entre mujeres y hombres? En caso afirmativo, indique cómo se han resuelto:	SÍ ☐	NO

D. RELACIONES CON OTRAS ORGANIZACIONES

15. ¿Su organización requiere el cumplimiento de la normativa en materia de igualdad entre mujeres y hombres a las empresas con las que colabora (ETT, proveedoras, contratas, personal becario, Trades, etc,)? En caso afirmativo, explique cómo se concreta:	SÍ ☐	NO ☐
16. ¿Prima en sus contratos con empresas (ETT, proveedoras, contratas, personal becario, Trades, etc.) a aquéllas que desarrollan actividades que promueven la igualdad entre mujeres y hombres? En caso afirmativo, detalle cómo se mide:	SÍ ☐	NO ☐

E. COMUNICACIÓN E IMAGEN CORPORATIVA

17. ¿Se difunden contenidos específicos de igualdad entre mujeres y hombres? En caso afirmativo, indique a través de qué canales:	SÍ ☐	NO ☐
18. ¿Se cuida que el lenguaje y las imágenes no transmitan estereotipos sexistas? En caso afirmativo, señale cómo:	SÍ ☐	NO ☐
19. ¿Informa de su posicionamiento frente a la igualdad entre mujeres y hombres a las empresas con las que colabora (Proveedoras/clientela)? En caso afirmativo, indique cómo y qué información:	SÍ ☐	NO ☐

CUADRO DE CONCLUSIONES

De acuerdo con la información reflejada en los apartados anteriores, le pedimos que reflexione e identifique qué aspectos hay que mejorar en la situación de partida de cada uno de los ámbitos: **obstáculos** para la integración de la igualdad entre mujeres y hombres, **sesgos** o **carencias** en materia de igualdad entre mujeres y hombres. Traslade sus respuestas al siguiente cuadro, para obtener un primer diagnóstico del compromiso de su organización con la igualdad entre mujeres y hombres.

A

¿Constituye la igualdad entre mujeres y hombres un elemento de la cultura de su organización?

SÍ ☐   Parcialmente ☐   No ☐

Identifique los **aspectos a mejorar**:

B

¿Está la igualdad entre mujeres y hombres integrada en su estructura organizativa y en su gestión?

SÍ ☐   Parcialmente ☐   No ☐

Identifique los **aspectos a mejorar**:

C

¿Está la igualdad entre mujeres y hombres presente de manera expresa en las relaciones laborales?

SÍ ☐   Parcialmente ☐   No ☐

Identifique los **aspectos a mejorar**:

D

¿Está presente la igualdad entre mujeres y hombres en sus relaciones con otras organizaciones?

SÍ ☐   Parcialmente ☐   No ☐

Identifique los **aspectos a mejorar**:

E

¿Se tiene en cuenta la igualdad entre mujeres y hombres en sus comunicaciones?

SÍ ☐   Parcialmente ☐   No ☐

Identifique los **aspectos a mejorar**:

Tabla 1. Composición de la plantilla

Indique el número de mujeres y hombres que componen su empresa en valores absolutos y porcentajes

	Nº	%
MUJERES		
HOMBRES		
TOTAL		100%

1. ¿Existe un equilibrio en la composición por sexos de su plantilla?

Si, ambos porcentajes se encuentran entre el 40% y el 60% No, ☐

hay mayoría de mujeres (más del 60%) ☐

No, hay mayoría de hombres (más del 60%) ☐

2. ¿La composición de su plantilla es similar a la presencia de mujeres y hombres en su sector[1]?

Si, es igual o no se distancia en más de 10 puntos ☐

No, en el sector hay un mayor equilibrio ☐

No, en el sector hay un mayor desequilibrio ☐

[1] Para identificar el número de trabajadoras y trabajadores que trabajan en su sector puede consultar la Encuesta de Población Activa (EPA) a través de la web del Instituto Nacional de Estadística (www.ine.es): Resultados detallados, Ocupados por sexo y rama de actividad. Valores absolutos

Con el fin de homogeneizar todo el análisis del organigrama, detalle en el siguiente cuadro, la estructura departamental de su organización. En organizaciones con grandes plantillas, la existencia de departamentos unipersonales o de muy pequeña dimensión puede distorsionar un análisis correcto. En tales casos, se recomienda que, en la medida de lo posible, los departamentos de poco tamaño se agrupen con otros con actividades similares o relacionadas.
Por ejemplo: Departamento de Marketing; Departamento de RRHH, etc.

Recuerde utilizar esta estructura y denominaciones en todas las tablas de esta ficha

Departamento 1.-	
Departamento 2.-	
Departamento 3.-	
Departamento 4.-	

Con el mismo objetivo, determine la clasificación por grupos profesionales de su organización. Se recomienda que dicha clasificación no exceda de 7 grupos profesionales, dado que el análisis sería más complejo.
Por ejemplo: Alta Dirección, Dirección; Mando Intermedio, Personal Técnico, etc.

Grupo Profesional 1.-	
Grupo Profesional 2.-	
Grupo Profesional 3.-	
Grupo Profesional 4.-	

Tabla 2. Organigrama

Utilice la denominación de los grupos profesionales y departamentos detallada en la página anterior. Indique el nº de mujeres y de hombres en cada uno de ellos. Recuerde que puede añadir más departamentos o grupos profesionales si es necesario.

Dirección General	
M	H

Dpto. 1	Dpto. 2	Dpto. 3	Dpto. 4	TOTAL

Grupo profesional1	Grupo profesional1		Grupo profesional1		Grupo profesional1		Grupo profesional1		Grupo profesional1	
	M	H	M	H	M	H	M	H	M	H

Grupo profesional2	Grupo profesional2		Grupo profesional2		Grupo profesional2		Grupo profesional2		Grupo profesional2	
	M	H	M	H	M	H	M	H	M	H

Grupo profesional3	Grupo profesional3		Grupo profesional3		Grupo profesional3		Grupo profesional3		Grupo profesional3	
	M	H	M	H	M	H	M	H	M	H

Grupo profesional4	Grupo profesional4		Grupo profesional4		Grupo profesional4		Grupo profesional4		Grupo profesional4	
	M	H	M	H	M	H	M	H	M	H

Grupo profesional5	Grupo profesional5		Grupo profesional5		Grupo profesional5		Grupo profesional5		Grupo profesional5	
	M	H	M	H	M	H	M	H	M	H

TOTAL	TOTAL		TOTAL		TOTAL		TOTAL		TOTAL	
	M	H	M	H	M	H	M	H	M	H

Para facilitar el análisis de la distribución de la plantilla en el organigrama, traslade aquí los datos de los totales por departamentos y grupos profesionales.

Recuerde emplear la misma distribución reflejada en los cuadros anteriores

Los porcentajes se calculan sobre el total de cada sexo, de modo que los porcentajes de cada columna sumen 100.

Tabla 3. Distribución por Departamentos o Áreas Funcionales

	Valores absolutos		Valores relativos	
	MUJERES	HOMBRES	MUJERES	HOMBRES
Dpto. 1.-				
Dpto. 2.-				
Dpto. 3.-				
Dpto. 4.-				
TOTAL			100%	100%

3. Atendiendo a los <u>valores absolutos</u>, indique cuál es la situación de su organización por Departamentos:

	Equilibrada	Mayoría de Mujeres	Mayoría de Hombres
Dpto. 1.-	☐	☐	☐
Dpto. 2.-	☐	☐	☐
Dpto. 3.-	☐	☐	☐
Dpto. 4.-	☐	☐	☐

4. Atendiendo a los <u>valores relativos</u>, ¿existe algún Departamento en el que se concentre un porcentaje importante de mujeres? En caso afirmativo, señale cuáles:	SÍ ☐	NO ☐

5. Atendiendo a los <u>valores relativos</u>, ¿existe algún Departamento en el que se concentre un porcentaje importante de hombres? En caso afirmativo, señale cuáles:	SÍ ☐	NO ☐

Tabla 4. Distribución por Grupos Profesionales

	Valores absolutos		Valores relativos	
	MUJERES	**HOMBRES**	**MUJERES**	**HOMBRES**
Gr.Prof. 1.-				
Gr.Prof. 2.-				
Gr.Prof. 3.-				
Gr.Prof. 4.-				
Gr.Prof. 5.-				
TOTAL			100%	100%

6. Atendiendo a los <u>valores absolutos</u>, indique cuál es la situación de su organización por Grupos Profesionales:			
	Equilibrada	Mayoría de Mujeres	Mayoría de Hombres
Gr. Prof.. 1.-	☐	☐	☐
Gr. Prof.. 2.-	☐	☐	☐
Gr. Prof.. 3.-	☐	☐	☐
Gr. Prof.. 4.-	☐	☐	☐
Gr. Prof. 5.-	☐	☐	☐

7. Atendiendo a los <u>valores relativos</u>, ¿existe algún Grupo Profesional en el que se concentre un porcentaje importante de mujeres? En caso afirmativo, señale cuáles:	SÍ ☐	NO ☐
8. Atendiendo a los <u>valores relativos</u>, ¿existe algún Grupo Profesional en el que se concentre un porcentaje importante de hombres? En caso afirmativo, señale cuáles:	SÍ ☐	NO ☐
9. Adentrándonos en las categorías profesionales que componen los diversos grupos profesionales, ¿existen en la organización categorías profesionales u ocupaciones mayoritariamente ocupadas por hombres o por mujeres? En caso afirmativo, señale qué categorías/ocupaciones y qué sexo es mayoritario :	SÍ ☐	NO ☐

10. Atendiendo a los <u>valores relativos</u>, ¿cómo es la situación de trabajadoras y trabajadores respecto a los contratos temporales?

Igual en trabajadores y trabajadoras ☐	Mayor en las trabajadoras ☐	Mayor en los trabajadores ☐

11 Atendiendo a los valores relativos, ¿cómo es la situación de trabajadoras y trabajadores respecto a la contratación parcial?

Igual en trabajadores y trabajadoras ☐	Mayor en las trabajadoras ☐	Mayor en los trabajadores ☐

C. CONDICIONES LABORALES

Tabla 5. Modalidad Contractual según sexo

Indique el nº de mujeres y de hombres en cada modalidad contractual y el porcentaje que supone cada modalidad respecto al total de cada sexo.

	Valores absolutos		Valores relativos	
	MUJERES	HOMBRES	MUJERES	HOMBRES
Indefinido				
Eventual por Circunstancias de la Producción				
Obra o servicio determinado				
Interinidad				
Prácticas				
Formación				
Relevo (por jubilación)				
Fijo Discontinuo				
Otros				
TOTAL			100%	100%

Tabla 6. Jornada según sexo

Indique el nº de mujeres y de hombres en cada modalidad de jornada y el porcentaje que supone cada una respecto al total de cada sexo.

A efecto de esta ficha, se considera **Jornada Continua** cuando ésta se desarrolla sin interrupciones, independientemente de que sea en horario de mañana, tarde o noche, siempre que el horario sea siempre el miso (turno fijo).

Se consigna como **Jornada Partida** aquella que se desarrolla parcialmente durante la mañana y parcialmente durante la tarde, con un descanso entre ambos periodos de al menos una hora.

Se consideran **Turnos Rotativos** cuando el trabajo se desarrolla de forma continuada, pero el horario varía a lo largo del año, pasando sucesivamente por las diferentes franjas horarias.

Se consignan como personal a **Tiempo Parcial** aquellas personas en cuyo contrato figura una jornada inferior al tiempo completo. No se considera personal a tiempo parcial las trabajadoras y trabajadores que estén desarrollando una jornada reducida por motivos de conciliación de la vida laboral, familiar y personal, si su jornada habitual es a tiempo completo.

	Valores absolutos		Valores relativos	
	MUJERES	**HOMBRES**	**MUJERES**	**HOMBRES**
Jornada Continua				
Jornada Partida				
Turnos Rotativos				
TOTAL			100%	100%
Jornada Completa				
Jornada a Tiempo Parcial (hasta el 50% de la jornada anual)				
Jornada a Tiempo Parcial (más del 50% de la jornada anual)				
TOTAL			100%	100%

De acuerdo a la información reflejada en los apartados anteriores, le pedimos que reflexione e identifique qué aspectos hay que mejorar en la situación de partida de cada uno de los ámbitos: **desequilibrios de presencia o participación** de mujeres y hombres, **obstáculos** para la integración de la igualdad, **sesgos** o **carencias** en materia de igualdad de oportunidades. Traslade sus respuestas al siguiente cuadro, para obtener un primer diagnóstico de las características de su plantilla.

A

¿La presencia de mujeres y hombres en su organización se encuentra equilibrada (40%-60%)?

Sí ☐ No ☐

Identifique los **aspectos a mejorar**:

B

¿Existe un equilibrio en la presencia de mujeres y hombres en todos los grupos profesionales y en todos los departamentos?

Sí ☐ Parcialmente ☐ No ☐

Identifique los **aspectos a mejorar**:

C

¿Disponen las trabajadoras de las mismas condiciones laborales que los trabajadores?

Sí ☐ Parcialmente ☐ No ☐

Identifique los **aspectos a mejorar**:

1. ¿Se incluye la igualdad entre mujeres y hombres como uno de los objetivos de la formación continua en su organización?

Formalmente en la descripción del procedimiento ☐

De manera informal se indica al personal que lo lleva a cabo ☐

No se incluye como un objetivo ☐

2. ¿Qué aspectos se tienen en cuenta en el diseño del plan formativo?

	MUJERES	HOMBRES
Las características de los puestos que ocupan	☐	☐
La disponibilidad horaria	☐	☐
La formación continua realizada previamente	☐	☐
El nivel de formación formal	☐	☐
El potencial de desarrollo	☐	☐
Las previsiones de crecimiento y actividad de la organización	☐	☐

3. ¿Se garantiza que todo el personal, mujeres y hombres, conoce la oferta formativa?
En caso afirmativo, indique con qué medios: SÍ ☐   NO ☐

4. ¿Se adoptan medidas para garantizar que mujeres y hombres tengan las mismas oportunidades para acceder a la formación?
En caso afirmativo, especifique cómo: SÍ ☐   NO ☐

Toda la formación se realiza dentro del horario laboral ☐

Existen medidas de atención a personas dependientes en caso de que la formación se realice fuera del horario laboral ☐

Otras (especificar)

5. ¿Qué se persigue con la formación continua de la organización?

Señale a quién afecta cada uno de los siguientes supuestos:

	Más en mujeres que en hombres	Por igual en mujeres y en hombres	Más en hombres que en mujeres
Mejorar la cualificación para el desempeño del puesto ocupado	☐	☐	☐
Promover el desarrollo profesional	☐	☐	☐
Facilitar la movilidad entre departamentos	☐	☐	☐

Registre el **nº de personas** que han participado en actividades formativas de acuerdo a su nivel profesional.
Los **grupos profesionales** serán los mismos que se han determinado en la **Ficha 2.** Recuerde utilizar los valores relativos sobre el total de cada sexo para poder realizar comparaciones.

	Valores absolutos		Valores relativos	
	MUJERES	HOMBRES	MUJERES	HOMBRES
Gr. Profesional 1				
Gr. Profesional 2				
Gr. Profesional 3				
Gr. Profesional 4				
Gr. Profesional 5				
TOTAL			100	100

Tabla 2. Participación según nº de horas anuales de formación.

Registre el **nº de personas** que ha participado en actividades formativas según el nº de horas de formación que haya realizado a lo largo del año. Cuando el trabajador o trabajadora haya participado en varias acciones formativas, **se sumarán todas las horas de formación** que haya realizado y se computará de acuerdo a dicho resultado.

	Valores absolutos		Valores relativos	
	MUJERES	HOMBRES	MUJERES	HOMBR
Menos de 20				
Entre 20 y 50				
Entre 51 y 75				
Entre 76 y 100				
Más de 100				
TOTAL			100	100%

6. ¿Han participado mujeres y hombres en igual medida en todos los niveles profesionales?	
La participación de mujeres y hombres dentro de cada nivel es similar	☐
En general las mujeres participan más	☐
En general los hombres participan más	☐
En unos niveles participan más las mujeres, y en otros, los hombres	☐
7. ¿Han realizado mujeres y hombres el mismo número de horas de formación?	

Los porcentajes de participación son similares en todos los tramos de

horas Hay mayor concentración de mujeres en los tramos de mayor nº

de horas Hay mayor concentración de hombres en los tramos de

8. De las personas que han promocionado en la organización en los últimos cinco años, ¿cuántos hombres y cuántas mujeres habían participado en algún programa formativo?	
El mismo o similar número de mujeres y de hombres horas	☐
Habían participado más mujeres	☐
Habían participado más hombres	☐

9. De las personas que han participado en los programas formativos en los últimos cinco años, ¿cuántos hombres y cuántas mujeres han promocionado?	☐SÍ	NO☐
El mismo o similar porcentaje de mujeres que de hombres		☐
Un porcentaje mayor de hombres que de mujeres		☐
Un porcentaje mayor de mujeres que de hombres		☐

Tabla 3. Participación según tipo de formación

Registre el nº de acciones formativas de cada tipo que se haya realizado por sexo. Una misma persona puede haber realizado formación de diferente tipo, debiendo reflejarse **todas las acciones formativas**.

A efectos de estas fichas, se considera **formación genérica** la relacionada con idiomas, informática, etc.

Se considera **formación transversal** la que se refiere a la adquisición de habilidades interpersonales, gestión del tiempo, gestión de estrés, liderazgo, gestión de equipos, comunicación, etc.

Las clasificaciones relativas a la tipología de las acciones formativas, podrá ser adaptada por su organización para un mejor ajuste a su realidad concreta.

	Valores absolutos		Valores relativos	
	MUJERES	HOMBRES	MUJERES	HOMBRES
Especialización técnica				
Genérica				
Transversal				
Desarrollo de carrera				
Otra (especificar)				
TOTAL			100	100

10. ¿Realizan el mismo tipo de formación mujeres y hombres?	
Los porcentajes de participación en cada tipo son similares	☐
Los hombres participan más en unos tipos de formación y las mujeres, en otros	☐

11. Si se produce diferencia, ¿afecta dicha diferencia a las posibilidades de desarrollo y promoción profesional de las mujeres o de los hombres? En caso afirmativo, detallen qué sentido y a quién afecta:	☐ SÍ	☐ NO

Tabla 4. Participación según momento de impartición de la formación.

Registre el nº de acciones formativas de cada tipo que se hayan realizado por sexo. Una misma persona puede haber realizado la formación en diferente momento, debiendo reflejarse **todas las acciones formativas**.

	Valores absolutos		Valores relativos	
	MUJERES	HOMBRES	MUJERES	HOMBRES
En horario de trabajo				
Fuera de horario de trabajo				
Mixto				
TOTAL			100%	100%

12. ¿Existen diferencias en la participación de hombres y mujeres en formación continua dependiendo del momento en que se realice? En caso afirmativo, detallar las diferencias y posibles causas:	☐ SÍ	☐ NO

Tabla 5. Participación según lugar de impartición de la formación.

Registre el nº de acciones formativas de cada tipo que se hayan realizado por sexo. Una misma persona puede haber realizado formación en diferente lugar, debiendo reflejarse **todas las acciones formativas**.

	Valores absolutos		Valores relativos	
	MUJERES	HOMBRES	MUJERES	HOMB
En el centro de trabajo				
En la propia localidad de trabajo				
Fuera de la localidad de trabajo				
On-line				
TOTAL			100%	100%

13. ¿Existen diferencias en la participación de hombres y mujeres en formación continua dependiendo del lugar en que se realice? En caso afirmativo, detallar las diferencias y posibles causas:	SÍ ☐	NO ☐

63

De acuerdo a la información reflejada en los apartados anteriores, le pedimos que reflexione e identifique qué aspectos hay que mejorar en la situación de partida de cada uno de los ámbitos: **desequilibrios** de participación de mujeres y hombres, **obstáculos** para la integración de la igualdad entre mujeres y hombres, **sesgos** o **carencias** en materia de igualdad entre mujeres y hombres, teniendo en cuenta las interacciones que se producen entre las prácticas de gestión y los resultados de participación. Traslade sus respuestas al siguiente cuadro, para obtener un primer diagnóstico de las prácticas de formación continua en su organización.

¿Se garantiza la igualdad entre mujeres y hombres en la formación continua que se desarrolla en la organización?		
En los procedimientos y la gestión:		
Sí ☐	Parcialmente ☐	No ☐
En los resultados de participación de mujeres y hombres:		
Sí ☐	Parcialmente ☐	No ☐
Identifique los **aspectos a mejorar**:		

A

B

1. ¿Se incluye la igualdad entre mujeres y hombres como uno de los objetivos de la política retributiva en su organización?	
Formalmente en la regulación (convenio, acuerdo de organización)	☐
De manera informal	☐
No se incluye como un objetivo	☐

2. ¿Se garantiza la aplicación del **principio de igualdad retributiva** (igual remuneración por trabajos de igual valor)? En caso afirmativo, señale cómo	SÍ	NO

3. ¿Están las retribuciones de todos los puestos reguladas por el convenio/acuerdo de aplicación en la organización?
Todos los puestos
Algunos quedan fuera
Señale cuáles

4. ¿Existe una evaluación de desempeño vinculada a las retribuciones?
Para todo el personal en todos los grupos profesionales
Sólo en los grupo profesionales superiores
No se realiza

5. ¿Existe una regulación objetiva para determinar los aumentos salariales?
En todos los casos
Sólo en algunos casos
No

6. Si en su organización se retribuyen incentivos ¿se garantiza la objetividad en la determinación de incentivos? En caso afirmativo, señale los criterios:	SÍ	NO

7. ¿Existen retribuciones o beneficios no salariales?	SÍ	NO
En caso afirmativo, indique cuáles y su distribución según sexo:		

Tipo de beneficio	Nº MUJERES	Nº HOMBRES

8. ¿Qué criterios se emplean para la concesión de estos beneficios?

B. RETRIBUCIONES DEL PERSONAL

Tabla 1. Retribuciones Totales por Grupos profesionales.

Mantenga la distribución por grupos profesionales establecida en la Ficha 2. Características de la plantilla.

La tabla debe recoger las retribuciones medias que se han efectuado por cada una de los grupos profesionales establecidos.

Ejemplo: En el Grupo Profesional 4 trabajan 3 hombres. En 2009 percibieron 18.504€, 19.233€ y 18.657€ respectivamente. En la en la casilla correspondiente a **Hombres*Gr. Profesional 4**, debe reflejar 18.798€ (18.500+19.233+18.657/3)

Para identificar si existen diferencias (y su magnitud) entre las retribuciones de los trabajadores y de las trabajadoras, calcule la relación entre ambos (%M/H) dividiendo el salario promedio de las mujeres entre el salario promedio de los

hombres (en cada grupo profesional) y multiplíquelo por 100. Los valores % M/H indican la equivalencia entre ambos salarios. Por ejemplo un valor de 85% significa que el salario promedio de las mujeres equivale al 85% del salario promedio de los hombres en el mismo grupo profesional (o que su salario es un 15% inferior). De forma análoga, un valor de 115% significa que el salario promedio de las trabajadoras es un 15% más alto que el de los trabajadores de ese mismo grupo profesional.

	MUJERES	HOMBRES	% M/H
Gr. Profesional 1			
Gr. Profesional 2			
Gr. Profesional 3			
Gr. Profesional 4			
Gr. Profesional 5			

9. Atendiendo a los valores absolutos, identifique la situación de mujeres y hombres en relación a sus retribuciones promedio en cada grupo profesional.			
	Mayor en las mujeres	Igual	Mayor en los hombres
Gr. Prof. 1.-	☐	☐	☐
Gr. Prof.2.	☐	☐	☐
Gr. Prof. 3.	☐	☐	☐
Gr. Prof. 4.-	☐	☐	☐

Gr. Prof. 5.-			

10. Teniendo en cuenta los valores %M/H ¿En qué grupos profesionales se producen las mayores diferencias entre salarios promedio? (los valores que más se distancian de 100)

11. En caso de existir diferencias salariales ¿son similares en todos los grupos profesionales?

Si	☐
Aumenta en los grupos profesionales inferiores	☐
Aumenta en los grupos profesionales superiores	☐

Tabla 2. Retribuciones en función del concepto por Grupos Profesionales.

Indique los salarios medios efectivamente percibidos.

Siga las instrucciones indicadas para la Tabla 1 para el cálculo de los salarios promedio y de la relación entre los salarios de las mujeres y de los hombres.

Se consideran **complementos obligatorios** los complementos específicos de puesto, turnicidad, peligrosidad, disponibilidad, etc.

Se consideran **complementos voluntarios** las comisiones, bonificaciones, pagas por objetivos. etc., que habitualmente no vienen determinadas en convenio.

Salario Base	MUJERES	HOMBRES	% M/H
Gr. Profesional 1			
Gr. Profesional 2			
Gr. Profesional 3			
Gr. Profesional 4			
Gr. Profesional 5			
Complementos Obligatorios	**MUJERES**	**HOMBRES**	**% M/H**
Gr. Profesional 1			
Gr. Profesional 2			
Gr. Profesional 3			
Gr. Profesional 4			
Gr. Profesional 5			
Complementos Voluntarios	**MUJERES**	**HOMBRES**	**% M/H**
Gr. Profesional 1			
Gr. Profesional 2			

Gr. Profesional 3			
Gr. Profesional 4			
Gr. Profesional 5			

12. ¿En qué conceptos salariales se producen los mayores valores % M/H?

	Salario base	C. Obligatorios	C. Voluntarios
Gr. Profesional. 1.-	☐	☐	☐
Gr. Profesional.2.-	☐	☐	☐
Gr. Profesional. 3.-	☐☐	☐☐	☐☐
Gr. Profesional. 4.-	☐	☐	☐
Gr. Profesional. 5.-	☐	☐	☐
	☐	☐	☐ ☐

13. En caso de existir diferencias, indique las posibles causas y a qué sexo afecta más:

	MUJERES	HOMBRES
Hay más de un convenio de referencia en función de los áreas de actividad y uno de ellos contempla salarios más bajos	☐	☐
La plantilla es fruto de una fusión de organizaciones, una de ellas con mejores condiciones salariales	☐ ☐	☐ ☐
El salario es más bajo por encuadrarse en categorías inferiores dentro de un mismo grupo profesional	☐	☐
Los salarios se negocian individualmente y son más altos	☐	☐
Los salarios son más altos porque la antigüedad supone un peso importante dentro del salario	☐ ☐	☐ ☐
Los puestos que desempeñan tienen menores complementos obligatorios	☐	☐
Los puestos que desempeñan no tienen complementos obligatorios	☐	
Los puestos que desempeñan no incluyen complementos voluntarios		
Otros (detallar):- --		

De acuerdo a la información reflejada en los apartados anteriores, le pedimos que reflexione e identifique qué aspectos hay que mejorar en la situación de partida de cada uno de los ámbitos: **desequilibrios** y **diferencias** en la retribución de mujeres y hombres, **obstáculos** para la integración de la igualdad entre mujeres y hombres, **sesgos** o **carencias** en materia de igualdad entre mujeres y hombres, teniendo en cuenta las interacciones que se producen entre las prácticas de gestión y los resultados. Traslade sus respuestas al siguiente cuadro, para obtener un primer diagnóstico de la política retributiva en su organización.

¿Se garantiza la igualdad entre mujeres y hombres en la política retributiva desarrollada por la organización?

A

En los procedimientos y la gestión:

Sí ☐   Parcialmente ☐   No ☐

B

En los resultados de participación de mujeres y hombres:

Sí ☐   Parcialmente ☐   No ☐

Identifique los **aspectos a mejorar**:

www.ingramcontent.com/pod-product-compliance
Lightning Source LLC
Chambersburg PA
CBHW080819170526
45158CB00009B/2476